好吃&好作

零負擔の豆腐甜點

——低糖・低脂・低卡的爽口點心！

鈴木理惠子・著　　監修・全豆連

無限可能的豆腐與豆腐製品

「豆腐、油揚豆腐、豆漿、豆渣」等以大豆為原料的製品，蛋白質含量高，熱量低，一向被視為健康食材的代表。更以含有作用類似女性荷爾蒙的異黃酮等高營養價值傳統食品，成為期盼從體內達到健康美麗的女性餐桌上每天都會出現的菜色。

最近，伴隨長壽飲食法（Macrobiotic）的風潮，豆腐更躍升為全球矚目的食材，不僅和食及中式料理，就連法國及義大利等西式料理，甚至甜點都能派上用場。

尤其是「豆渣」，富含現代人攝取不足的不溶性食物纖維（一天的建議攝取量是男性20g、女性17g，現狀是男女大約只攝取一半的量）、不飽和脂肪酸亞麻油酸、卵磷脂、膽鹼等，以「營養素寶庫」之姿吸引眾人目光。本連合會協助發行許多食譜書，並透過各種活動，致力於豆腐製品的普及與發展。

本書以嶄新獨到的創意，將豆腐、油揚豆腐、豆漿及豆渣等變身成美味甜點，希望可以藉此讓大眾對豆腐製品的營養價值及實用性有更深入的理解與認知，進一步提升這些食材的活用機會。

一般財團法人 全國豆腐連合會（全豆連）

前言

近年來，大家對「節食」抱持的觀念似乎有了很大的轉變。
在以前會單純認定節食＝瘦身，但現在不一樣了，
從調整體態、美膚美髮、降低體脂肪等以個人需求為重點，
乃至追求身心健康的整體生活方式，
都涵蓋在節食的範圍內。

本書介紹的食譜，除了豆腐，
也使用了豆漿漿、豆渣、油揚豆腐、高野豆腐及豆皮等大豆製品。
這些食材全部是低糖，和一般的甜點材料相比較，不論脂肪或熱量都偏低。
我想，知道大豆腐製品所含的纖維及異黃酮具有美膚效果，
且對於體重管理有幫助的人，應該也不少。

本書以代糖取代甜味料，作為抑制糖分和熱量的一個方法。
食譜中使用的羅漢果糖和零卡健康糖（Pal Sweet），
正如名稱所示，熱量部分等於零或接近零，是容易買到的代糖。
而在考量兩者的特徵後，原則上書中需加熱調理的點心使用羅漢果糖；
不需加熱的使用零卡健康糖（Pal Sweet）。
代糖、砂糖及蜂蜜等甜味料，各有風味，可視必要性及個人喜好，
以砂糖或蜂蜜取代代糖。

我認為美人是身心健康的人。
雖然每個人的體態、體質及生活方式等各有所異，
但是「吃一些有益身心的美味食物，
讓自己變得更加美麗又有活力」這一點應該是相通的。
為了健康與美麗，希望大家能充分活用書中的各道食譜。

鈴木理惠子

＊零卡代糖「パルスイート ® カロリーゼロ」的甜味為普通砂糖的 3 倍甜，
如果要以一般砂糖取代，請將食譜中的零卡代糖分量增加 3 倍。

The
Tofu
Dessert
and
Baking
Book

Contents

好吃＆好作
零負擔の豆腐甜點
——低糖・低脂・低卡的爽口點心！

〔 本書使用規則 〕
1. 豆腐使用的是絹豆腐；豆漿使用的是無添加的天然豆漿。
2. 奶油使用的是無鹽奶油。
3. 寒天、明膠使用的是粉末狀的寒天粉和明膠粉。
4. 蛋的部分使用的是中型蛋。
5. 砂糖的部分可以三溫糖等其他糖類代替。
6. 一大匙為 15ml、一小匙為 5ml、一杯為 200cc。
7. 烤箱的烘烤時間為大致推測時間。因各家機種不同或其他
　因素影響，可能導致烘烤時間有所差異，請依自家烤箱的
　特性，調整烘烤的溫度或時間。
8. 零卡代糖「パルスイート ® カロリーゼロ」的甜味為普
　通砂糖的 3 倍甜，如果要以一般砂糖取代，請將食譜中的
　零卡代糖分量增加 3 倍。

〔 免責聲明 〕
・本書食譜所使用的零卡代糖「ラカント ®S」及「パル
　スイート ® カロリーゼロ」為商標登錄商品，在文中將商
　標 ® 刪去。
・本書以全面性安全食譜為原則製作，如果在製作中受傷、
　燙傷、身體不適、機器損壞等情況發生，作者、出版
　社免付一切法律責任。

無限可能的豆腐與豆腐製品 ················ 2
前言 ·········· 3

豆腐
Using Tofu.

毛豆提拉米蘇 ············· 8
戚風蛋糕 ················· 10
烤檸檬派 ··············· 12
蒙布朗 ················ 14
卡薩塔 ··············· 16
甜菜慕斯 ············· 18
椰奶凍 ··············· 20
巧克力舒芙蕾 ·········22

豆漿
Using SoyMilk.

基本款奶油醬×2 ……………………27

白桃塔 ……………………29

日向夏蛋糕 ……………………31

卡布奇諾凍 ……………………33

蜂蜜蘋果馬芬 ……………………35

煎茶棉花糖 ……………………37

白巧克力慕斯 ……………………39

玉米布丁 ……………………41

嫩綠可麗餅 ……………………43

蜂蜜生薑與豆漿凍 ……………………45

新鮮豆渣
Using Okara.

紅絲絨蛋糕 ……………………48

馬德蓮 ……………………50

楓糖南瓜蛋糕 ……………………52

摩卡布朗尼 ……………………54

大和芋蒸糕 ……………………56

御手洗糰子 ……………………58

豆渣粉
Using Okara Powder.

草莓派 ……………………63

椰棗司康 ……………………65

藍莓薄荷慕斯 ……………………67

檸檬方塊 ……………………69

巧克力碎片餅乾 ……………………71

黃桃烤步樂 ……………………73

抹茶甘納豆蛋糕 ……………………75

其他豆腐製品
Using Other Soy Products.

香蕉貝奈特餅 ……………………78

薄脆薑餅 ……………………80

櫻桃可麗餅 ……………………82

可可脆餅 ……………………84

冷凍奇異果塔 ……………………86

芝麻餅乾 ……………………88

柑橘生豆皮英式查佛蛋糕 ……………………90

黑蜜豆皮卷 ……………………92

豆皮椰子球 ……………………94

Part 1　豆腐
Using Tofu.

日本的豆腐是在古時從中國傳入的。

除了有優質的植物性蛋白質，

更富含促進女性荷爾蒙的類黃酮素，

與加速脂肪代謝的卵磷脂。

豆腐
Using Tofu.

毛豆提拉米蘇
Edamame Tiramisu

178kcal
（1個）

清爽滑順的冰淇淋
與口味溫和的毛豆交錯重疊，
營造出有別於傳統濃郁滋味的提拉米蘇。

〔材料〕 4個份

鹽水煮毛豆（去薄膜）	150g
絹豆腐	100g
生豆渣	60g
去水優格	100g
鮮奶油	60cc
砂糖	2大匙
羅漢果糖	20g
蘭姆酒	少許
抹茶粉	適量

〔作法〕

① 混合鮮奶油與砂糖，打至9分發泡，加入絹豆腐、去水優格拌至滑順狀。… ⓐ

② 以搗碎器壓碎毛豆及羅漢果糖，加入生豆渣、蘭姆酒，整體混合之後再壓得更碎。… ⓑ

③ 將②與①交錯疊放在杯中，大約疊四層，最後在表面撒上抹茶粉即完成。… ⓒ

〔小訣竅〕

· 原味優格放入咖啡濾紙，再置於濾網放進冰箱冷藏一晚，可滴去水分。

· 因為搭配柔軟的鮮奶油，建議選用杯子盛裝。

豆腐
Using Tofu.

戚風蛋糕
Chiffon Cake

68kcal
1/12 片

鬆軟、輕盈，
擁有高人氣的戚風蛋糕。
拌入攪得很細的豆腐，更添濕潤與健康效果。

（材料）　直徑17cm的戚風模1個份

蛋（蛋黃與蛋白分開）⋯⋯⋯⋯⋯ 3顆
絹豆腐 ⋯⋯⋯⋯⋯⋯⋯⋯⋯⋯⋯⋯100g
砂糖 ⋯⋯⋯⋯⋯⋯⋯⋯⋯⋯⋯⋯⋯ 30g
羅漢果糖 ⋯⋯⋯⋯⋯⋯⋯⋯⋯⋯⋯ 40g
低筋麵粉 ⋯⋯⋯⋯⋯⋯⋯⋯⋯⋯⋯ 70g
泡打粉 ⋯⋯⋯⋯⋯⋯⋯⋯⋯⋯⋯ 1小匙
鹽 ⋯⋯⋯⋯⋯⋯⋯⋯⋯⋯⋯⋯⋯ 1小撮

（作法）

① 砂糖倒入蛋白中，打到蛋白霜拉起
　 呈堅挺的尖角。在發泡至9分的中途
　 時，加入1小撮的鹽。⋯ ⓐ
② 蛋黃與羅漢果糖混合後，加入豆腐，再
　 以手持電動攪拌棒拌滑順狀。⋯ ⓑ
③ 過篩好的低筋麵粉與泡打粉倒入②
　 中，翻拌混合。
④ 將1/3量的①倒進來，充分混合。
⑤ 剩餘的①分兩次倒進④中，翻拌後
　 倒入烤模。⋯ ⓒ
⑥ 排出空氣，從距離10公分的高度倒
　 進烤模，接著放進預熱至170℃
　 的烤箱烘烤約40分鐘。
⑦ 烤好後，連烤模一起倒扣在葡萄酒
　 瓶上，等待完全冷卻即完成。⋯ ⓓ

（小訣竅）

· 大約烤10分鐘後，麵糊一旦出現放
　 射狀的裂紋，表示膨脹效果極佳。
· 烤好放涼後，連同烤模一併裝進塑
　 膠袋等，可預防乾燥。

豆腐

Using Tofu.

烤檸檬派
Baked Lime Pie

71kcal
1/12 片

甘甜與酸味形成絕妙平衡，
清新爽口的派點心，散發檸檬香。

（材料） 18cm的塔模1個份
・塔皮

生豆渣	150g
低筋麵粉	50g
植物油	1大匙
羅漢果糖	20g
鹽	1小撮

・餡料

蛋（蛋黃與蛋白分開）	2顆
煉乳	40g
絹豆腐	80g
羅漢果糖	50g
檸檬汁	50ml
寒天粉	1/2小匙
鹽	1小撮
鮮奶油	50ml
檸檬片	適量

（作法）

① 製作塔皮時，先將塔皮的所有材料倒入塑膠袋中混合，塔模鋪好塗了奶油的烘焙紙再倒入塔皮材料。以叉子等在塔皮上刺洞，放進預熱至200℃的烤箱烘烤約12分鐘。… ⓐ

② 蛋白與鹽混合，打到蛋白霜拉起呈堅挺的尖角。… ⓑ

③ 蛋黃與羅漢果糖混合，加入煉乳、豆腐，以電動攪拌棒拌至滑順加入寒天粉、檸檬汁再次攪拌。

④ 將一半的②倒入③中充分混合。剩餘的蛋白霜小心別弄破泡泡的粗拌再注入塔模內。… ⓒ

⑤ 放進180℃餘熱的烤箱烘烤約30分鐘，待完全冷卻後裝飾鮮奶油與檸檬片即完成。… ⓓ

（小訣竅）

・不要過度攪拌塔皮，盡快拌成團。

・在步驟③中加入檸檬皮屑（份量外）將更添風味。

豆腐
Using Tofu.

蒙布朗
Mont Blanc

194kcal
1個

改用豆腐，來製作深受歡迎的蒙布朗。
最開心的是雖然鋪上滿滿的栗子奶油，
卻是道低卡甜點！

（材料）　4個份

去皮甘栗 ························ 200g
絹豆腐 ···························· 100g
奶油起司 ························· 50g
零卡健康糖（Pal Sweet）··········· 10g
豆腐戚風蛋糕4至6公分大的方塊·· 4個
白蘭地 ···························· 適量
裝飾用栗子 ························ 4個

（作法）

① 甘栗放入微波爐約30秒加熱軟化。
　　…ⓐ

② 製作栗子奶油時，先混合除了戚風
　蛋糕以外的材料，並以手持電動攪
　拌棒拌至滑順狀。…ⓑ

③ 在蛋糕杯的中間各放上一塊戚風蛋
　糕。將②注入擠花袋，然後沿著蛋
　糕向上繞圈擠上奶油，形成圓錐狀。
　　…ⓒ

④ 頂端裝飾栗子即可。

（小訣竅）

• 栗子奶油注入擠花袋後，先放進冰
　箱冷藏約30分鐘會更好擠出奶油。

豆腐
Using Tofu.

卡薩塔
Cassata

59kcal
1/12 片

醃漬洋酒的水果，呈現大人味。
吃起來冰冰涼涼的，於請客時也很討喜喔!

ⓐ

ⓑ

ⓒ

（材料） 直徑15cm的圓頂模1個份

絹豆腐 ························ 100g
無脂優格 ···················· 100g
鮮奶油 ······················ 100cc
零卡健康糖（Pal Sweet）······· 5g
酒漬水果乾 ················· 2大匙
杏果乾 ······················ 3個
開心果 ······················ 適量
手指餅乾 ···················· 適量

（作法）

① 鮮奶油打至9分發泡，與絹豆腐、優格及零卡健康糖（Pal Sweet）混合，以手持式攪拌棒攪打到滑順狀。… ⓐ

② 先加入細切的水果乾及杏果乾混合，再倒入粗切的開心果一同拌勻。… ⓑ

③ 將②注入事先鋪上食品用保鮮膜（以下簡稱保鮮膜）或烘焙紙的烤模中，最上層擺放手指餅乾後，放進冷凍庫結凍。… ⓒ

④ 將結凍後的烤模取出，並在四周浸泡熱水數秒鐘後倒扣，以取出卡薩塔。

（小訣竅）

・不善飲酒的人，可改用酒精濃度低的葡萄酒來醃漬水果。

豆腐

Using Tofu.

甜菜慕斯
Beetroot Mousse

73kcal
1個

色澤鮮艷的甜菜，是有益女性的健康蔬菜，
吃來來軟Q、輕盈，
可作為食欲不佳時的營養補給品喔！

ⓐ　　　　　ⓑ　　　　　ⓒ　　　　　ⓓ

（材料）　4個份※非素食

水煮甜菜 50g
絹豆腐 100g
無脂優格 150g
吉利丁粉 8g
水 30cc
檸檬汁 30cc
藍莓醬（低糖）.......................... 2大匙
零卡健康糖（Pal Sweet）........... 1小匙
裝飾用藍莓 .... 適量

（作法）

① 吉利丁粉以水及檸檬汁泡開，再加熱溶解，但不要煮到沸騰。⋯ ⓐ
② 剩餘的材料全部倒入大碗，以手持電動攪拌棒拌打。⋯ ⓑ
③ 將①倒入②中充分混合，再連同鋼盆放入冰箱冷藏，呈泥狀後取出，以打蛋器打發，就像是要打入空氣般。⋯ ⓒ
④ 將③均等的注入布丁杯中，放進冰箱冷藏凝結。⋯ ⓓ
⑤ 在④上裝飾藍莓即可。

（小訣竅）

・如果是使用罐頭甜菜，使用前先以水沖一下，洗去罐頭的氣味。

豆腐

椰奶凍
Haupia

72kcal
1/4 片

椰奶風味展露無遺的夏威夷地方點心！
在酷熱夏季中，趁此享受片刻的清涼氛圍……

ⓐ　　　　ⓑ　ⓒ

（材料）　約20×10cm的容器 1個份
※非素食

椰奶	100g
絹豆腐	150g
無脂牛奶	50cc
零卡健康糖（Pal Sweet）	1大匙
鹽	1小撮
吉利丁粉	10g
椰漿	1大匙

（作法）
① 吉利丁粉以無脂牛奶泡開，再加熱溶解，但不要煮到沸騰。
② 零卡健康糖（Pal Sweet）倒入①中加以溶解。… ⓐ
③ 混合椰奶、絹豆腐、鹽、椰漿後，以手持式攪拌棒攪拌，接著將②倒進來混合。… ⓑ
④ 以濾網將③過濾到容器內，放進冰箱冷藏凝結。… ⓒ
⑤ 凝結後切小塊，可拌著熱帶水果一起吃。

（小訣竅）
‧椰漿隨個人喜好，也可以省略。

豆腐

Using Tofu.

巧克力舒芙蕾
Chocolate Soufflé Cake

79kcal
1/12 片

結合苦味巧克力與蘭姆酒的大人風蛋糕，
口感輕軟，
味道卻是厚實豐富。

ⓐ ⓑ ⓒ ⓓ

（材料）直徑15cm的圓形活動底模 1個份

絹豆腐 ················· 100g
苦味巧克力 ············· 100g
豆漿 ·················· 3大匙
純可可 ················· 3大匙
玉米粉 ················· 2大匙
蛋（蛋白及蛋分開）······ 2顆
蘭姆酒 ················· 1大匙
羅漢果糖 ··············· 5大匙
鹽 ···················· 1小撮

（作法）

① 蛋白加鹽，打到蛋白霜拉起呈堅挺的尖角。⋯ⓐ
② 切碎塊的苦味巧克力及豆漿，倒入大碗隔熱水加以溶解。⋯ⓑ
③ 將其他剩餘的材料倒入另一個大碗，以手持電動攪拌棒或打蛋器拌至滑順狀。
④ 將②倒入③中盡速攪拌。
⑤ 1/3量的①倒入④中充分混合。分兩次倒入剩餘的蛋白霜翻拌，小心別弄破蛋白霜的泡泡。⋯ⓒ

⑥ 將⑤倒入底部以錫箔紙包覆的烤模，放進預熱至170℃的烤箱，以隔水加熱方式烘烤約40分鐘即完成。⋯ⓓ

（小訣竅）

・趁熱吃也很美味。若要吃冷的，可在放涼後，以保鮮膜確實包好放進冰箱冷卻，於2至3內天食用完畢。

Part 2 豆漿
Using Soy Milk.

大豆煮後去渣、過濾，變成豆漿，
溫潤順喉、易於吸收。
當中高抗氧化作用的皂苷（Saponin），
具有抗老的效果！

【豆漿卡士達醬】

【豆漿牛奶醬】

豆漿

基本款奶油醬×2

Custard Cream／Milk Cream

豆漿卡士達醬　　　豆漿牛奶醬

58kcal
1人份

43kcal
1人份

以溫醇的豆漿為基底，
製作大家喜愛的卡士達醬及牛奶醬。

ⓐ

ⓑ

ⓒ

ⓓ

ⓔ

ⓕ

豆漿卡士達醬

（材料） 1人份58kcal 相當於50cc

豆漿	220cc
蛋黃	2顆
羅漢果糖	70g
低筋麵粉	2大匙
香草精	適量

（作法）

① 蛋黃及砂糖倒入耐熱容器中攪拌，加入過篩的低筋麵粉混合均勻。…ⓐ

② 豆漿分少量倒入①中，充分混合以免結塊。…ⓑ

③ 不覆蓋保鮮膜，直接將②放進微波爐，大火加熱1分鐘後取出，整體拌勻。

④ 接著反覆「加熱30秒、取出混合」的作業，直到呈現適度的泥糊狀。…ⓒ

⑤ 變泥糊狀後，加入香草精混合，以細孔的濾網過濾。

⑥ 將保鮮膜以幾乎要黏貼到卡士達醬的表面上的方式覆蓋上後，放進冰箱冷藏。…ⓓ

豆漿牛奶醬

（材料） 1人份43kcal 相當於50cc

豆漿	240cc
脫脂奶粉	2大匙
羅漢果糖	45g
玉米粉	2大匙
香草精	適量

（作法）

① 蜂蜜、脫脂奶粉、玉米粉倒入耐熱容器中攪拌。…ⓔ

② 豆漿分少量倒入①中，充分混合以免結塊。…ⓕ

③ 以下的程序同豆漿卡士達醬。

豆漿

Using SoyMilk.

白桃塔
White Peach Tart

267kcal
1個

白桃下藏著滿滿的卡士達醬，
一起來享用，內餡與酥脆塔皮形成對比的美妙口感吧！

ⓐ

ⓑ

ⓒ

ⓓ

（材料） 迷你塔模4個份

高筋麵粉	1杯
豆漿	3大匙
羅漢果糖	2大匙
鹽	1小撮
沙拉油	15cc
豆漿卡士達醬	200cc
罐裝白桃	半片的4個
白葡萄酒	100cc
枸杞、薄荷葉	適量

（作法）

① 高筋麵粉、豆漿、羅漢果糖、鹽及沙拉油混合，拌至成團。烤模鋪好塗上奶油的烘焙紙，再放入塔皮按壓貼合。… ⓐ

② 以叉子在塔皮上刺洞，放進預熱至200℃的烤箱烘烤約10分鐘後，放置冷卻。… ⓑ

③ 白桃放入耐熱容器，注入白葡萄酒，覆蓋保鮮膜，以微波爐加熱2分鐘。加枸杞，放進冰箱冷卻。… ⓒ

④ 豆漿卡士達醬注入小塔模內（參見P.26），鋪放上③的白桃，裝飾枸杞及薄荷葉。… ⓓ

豆漿

Using SoyMilk.

日向夏蛋糕
Citrus Cake

102kcal
1/6 片

哇，好多新鮮的日向夏！
每吃上一口，清新的酸味就在口中爆發開來。

（材料） 17×8cm的磅蛋糕模1個份
低筋麵粉 ······························· 150g
豆漿 ····································· 100cc
泡打粉 ································· 2小匙
羅漢果糖 ······························· 60g
日向夏橘子汁 ························· 30cc
鹽 ···································· 1小撮
無農藥日向夏橘子切片、皮 ····· 各適量

（作法）
① 低筋麵粉、泡打粉、羅漢果糖及鹽
   一起過篩。··· ⓐ
② 將豆漿及日向夏橘子汁混合後，連
   同日向夏的皮加入①，再翻拌揉
   合。··· ⓑ
③ 將②倒進塗上奶油或撒上泡打粉的
   烤模，表面鋪上日向夏橘子切片。
   ··· ⓒ
④ 放進預熱至180℃的烤箱烘烤約30
   分鐘，以竹籤刺入無沾黏就表示烤
   好了。

（小訣竅）
· 以保鮮膜包好，放進冰箱冷藏保存，
  預防乾燥。食用前可稍微烤一下。

豆漿

Using SoyMilk.

卡布奇諾凍
Cappuccino Jelly

55kcal
1個

一層是微苦的咖啡凍，
一層是溫順的豆漿凍，
交織成和諧滋味！

ⓐ

ⓑ

ⓒ

（材料） 4個份※非素食

水	400cc
寒天粉	1.5小匙
即溶咖啡	2大匙
羅漢果糖	4大匙
豆漿	400cc
吉利丁粉	10g
咖啡豆	適量

（作法）

① 水及寒天粉放入鍋中，充分混合後
加熱，沸騰約1分鐘後熄火。一邊
注意不要溢出，一邊倒入一半的羅
漢果糖及咖啡加以溶解。

② 將①放進冰箱冷藏凝固，再分成小
塊等量放入杯中。… ⓐ

③ 吉利丁粉以豆漿泡開，再加熱溶
解，但不要煮到沸騰。… ⓑ

④ 將一半的③均等倒入已裝入咖啡凍
的杯中，再放進冰箱冷藏凝固。
… ⓒ

⑤ 將剩餘的③放進冰箱冷卻，凝固後
以打蛋器攪打，使飽含空氣。

⑥ 將鬆軟的⑤等量鋪放在④的上面，
裝飾咖啡豆。

（小訣竅）

‧建議撒上肉桂粉食用。

豆漿

蜂蜜蘋果馬芬
Honey Apple Muffin

125kcal
1個

由蜂蜜與蘋果交織成讓人想輕鬆品嘗的天然美味，
剛出爐暖呼呼的樸素風味，當成早午餐剛剛好！

（材料） 馬芬杯大的4個份

紅玉蘋果（切薄片）·············· 1/2個
高筋麵粉 ····························· 100g
泡打粉 ······························· 1小匙
豆漿 ································· 60cc
羅漢果糖 ····························· 50g
蛋 ································· 1顆
肉桂粉 ······························· 1小匙

（作法）

① 蘋果切薄片撒上1大匙的羅漢果糖。
　 ··· ⓐ
② 混合蛋及豆漿，倒入剩餘的羅漢果
　 糖充分拌勻。··· ⓑ
③ 高筋麵粉、泡打粉及肉桂粉一起過
　 篩，加入②中翻拌。··· ⓒ
④ 將①倒入③中，不過度攪拌，大略
　 混合後即均等倒入馬芬杯模。··· ⓓ
⑤ 放進預熱至180℃的烤箱烘烤約20分
　 鐘即可。

豆漿

Using SoyMilk.

煎茶茶棉花糖
Roasted Green Tea Marshmallow

9kcal
1/12個

有益健康的煎茶結合高雅的棉花糖，
軟Q又輕柔，獨特的口感在口中擴散開來……

 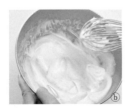  

ⓐ　　　ⓑ　　　ⓒ　　　ⓓ

（材料）　15×10cm大的容器1個份

※非素食

蛋白	1顆份
煎茶	1大匙
吉利丁粉	10g
豆漿	50cc
羅漢果糖	1大匙
黑糖	1小匙
鹽	1小撮
玉米粉	1大匙

（作法）

① 溫熱豆漿，煮好煎茶後混合，等降溫至約36度，即加入吉利丁粉泡開。…ⓐ

② 蛋白加鹽，打到蛋白霜拉起呈堅挺的尖角。…ⓑ

③ 將①重新溫熱溶解吉利丁，但不要煮沸。加入羅漢果糖及黑糖拌溶。

④ 將1/3量的②加入③中充分混合。剩下的分兩次倒入翻拌。

⑤ 容器先鋪好保鮮膜或烘焙紙，接著倒入④。…ⓒ

⑥ 為排出空氣，從距離10cm的高度倒入，再置於冰箱冷卻凝固。

⑦ 凝固後分切，四周全部撒上玉米粉即完成。…ⓓ

（小訣竅）

· 以密閉容器保存，並盡早食用。

豆漿

Using SoyMilk.

白巧克力慕斯
White Chocolate Mousse

108kcal
1個

這是款慕斯的白與醬汁的紅，相互輝映的亮麗甜點。
並由濃郁的巧克力，帶出覆盆子的甘酸味！

ⓐ

ⓑ

ⓒ

ⓓ

（材料） 4個份※非素食

白巧克力 ……………………………… 50g
豆漿 …………………………………… 60g
蛋白 …………………………………… 2顆份
零卡健康糖（Pal Sweet）………… 1大匙
砂糖 …………………………………… 1小匙
水 ……………………………………… 2大匙
吉利丁粉 ……………………………… 8g
覆盆子 ………………………………… 適量
裝飾用薄荷 …………………………… 適量

（作法）

① 以水泡開吉利丁粉，再加熱溶解，
　 但不要沸騰。接著加入零卡健康糖
　 （Pal Sweet）拌溶。… ⓐ

② 隔水加熱，溶解切碎的巧克力及豆
　 漿。… ⓑ

③ 蛋白加鹽，打到蛋白霜拉起呈堅挺
　 的尖角。… ⓒ

④ 混合①及②，充分攪拌後加入③，
　 翻拌時小心不要弄破蛋白霜的泡
　 泡。… ⓓ

⑤ 將④放入保存容器等，置於冰箱冷
　 藏凝固。凝固後以大湯匙舀至小
　 碗，裝飾覆盆子及薄荷。

豆漿

Using SoyMilk.

玉米布丁
Sweet Corn Pudding

122kcal
1個

溫順的甘甜與顆粒口感，

充滿令人懷念但又不失新意的玉米美味……

ⓐ

ⓑ

ⓒ

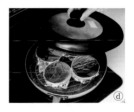
ⓓ

（材料） 4個份

奶油玉米	200cc
豆漿	200cc
蛋白（L尺寸）	3顆份
羅漢果糖	20g
鹽	1小撮
香草精	適量

（作法）

① 溫熱豆漿，加入羅漢果糖拌溶。…ⓐ

② 奶油玉米加入①中，倒入蛋汁及香草精充分混合。若想增加滑順感，可先過篩。…ⓑ

③ 將②均等倒入焗模，一一覆蓋錫箔紙。…ⓒ

④ 厚鍋注入大約是焗模1/3高度的水煮至沸騰。轉小火，將③排放在鍋中，蓋上鍋蒸10分鐘。…ⓓ

⑤ 稍微打開錫箔紙，輕晃焗模，若表面出現彈力即熄火。蓋上鍋蓋靜置15分鐘即完成。

（小訣竅）

· 如果到步驟⑤都還是呈液狀未凝固，就以極小火加熱5至10分鐘再檢查一下。

· 可隨喜好淋上楓糖或蜂蜜（份量外）。

豆漿

U s i n g S o y M i l k .

嫩綠可麗餅

Green Crépe Roll

120kcal
1人份

柔軟、Q彈的寒天！
一次就能吃到又冰又「燒」，雙重享受的趣味甜點！

ⓐ　　　　　ⓑ　　　　　ⓒ　　　　　ⓓ

（材料） 4人份

低筋麵粉	60g
青汁粉(小麥草粉、小麥苗粉)	1/2大匙
豆漿	100cc
羅漢果糖	2小匙
鹽	1小撮
溶化奶油	2小匙
水煮紅豆	4大匙
寒天粉	2g
水	200cc

（作法）

① 低筋麵粉、羅漢果糖、青汁粉、鹽
　混合後加入豆漿攪拌。

② 溶化奶油加入①，置於冰箱冷藏約
　30分鐘。… ⓐ

③ 鍋中放入水及寒天粉，混合後加
　熱，沸騰後再煮1分鐘以上。放涼
　後放進冰箱冷卻凝固。… ⓑ

④ 平底的不沾鍋加熱，將②煎成四片
　薄薄的可麗餅。… ⓒ

⑤ 將切成立方狀的寒天及紅豆鋪在④
　的餅皮上捲起來。… ⓓ

（小訣竅）

‧ 拌著鮮奶油及紅豆（份量外），
　更顯豐富多彩。

豆漿

Using SoyMilk.

蜂蜜生薑與豆漿凍

Honey Ginger Layercd Jelly

140kcal
1個

味辛的生薑，在口中巧妙的引出甘甜味。
加入碎冰塊，格外清涼。

(a)

(b)

(c)

(d)

【材料】 4個份※非素食

•豆漿凍

豆漿	220cc
煉乳	3大匙
吉利丁粉	5g

•蜂蜜生薑凍

蜂蜜	3大匙
檸檬汁與果肉	2顆份
生薑屑	1小匙
水	400cc
吉利丁粉	10g
零卡健康糖（Pal Sweet）	1.5小匙
裝飾用薄荷葉、鮮奶油	適量

【製作方法】

① 製作豆漿凍時，將吉利丁粉以50cc的豆漿泡開，再加熱溶解，但不要煮到沸騰。… ⓐ

② 煉乳及剩餘的豆漿依序加入①中混合。

③ 將②均等的倒入玻璃杯等容器，放進冰箱冷藏凝固。… ⓑ

④ 製作蜂蜜生薑凍時，將吉利丁粉以200cc的水泡開，再加熱溶解，但不要煮至沸騰。

⑤ 將剩餘的水及蜂蜜倒入④中，再加檸檬汁與果肉、生薑、零卡健康糖（Pal Sweet）混合，放進冰箱冷藏，凝固後攪碎。… ⓒ

⑥ 將⑤平均鋪在③上，再裝飾薄荷葉與鮮奶油即完成。… ⓓ

Part 3 新鮮豆渣
Using Okara.

新鮮豆渣是豆漿過濾後剩下的殘渣，

它含有豐富的食物纖維，是方便控制熱量的天然食材，

只要少許的量即可發揮飽足感及整腸效果。

原則上要盡早食用，也可分小包冷凍保存。

新鮮豆渣

Using Okara.

紅絲絨蛋糕
Red Velvet Cake

88kcal
1個

在美國非常受歡迎的小蛋糕，口感如絲絨般綿柔。
新鮮豆渣的效果及大幅縮減油分的用量，讓健康加分！

ⓐ

ⓑ

ⓒ

ⓓ

（材料） 5號迷你杯子蛋糕模16個

• 蛋糕體

新鮮豆渣	80g
蛋	1顆
低筋麵粉	100g
羅漢果糖	100g
豆漿	80cc
沙拉油	80cc
檸檬汁	20cc
香草精	適量
可可粉	2大匙
食品用紅色素	1小匙
小蘇打及鹽	各1/2小匙

• 糖霜

奶油起司	40g
香蕉	20g
糖粉	20g

（作法）

① 低筋麵粉、羅漢果糖、食品用紅色素、小蘇打及鹽一起過篩。… ⓐ
② 蛋糕體的其他材料倒入大碗中攪拌後，再將①也倒進來充分拌勻。… ⓑ
③ 將②等量倒入杯子蛋糕模，放進預熱至180℃的烤箱烘烤約20分鐘，直接放置冷卻。… ⓒ
④ 混合糖霜的所有材料，以手持式攪拌棒攪打至滑順狀。… ⓓ
⑤ 將④注入擠花袋，擠在烤好的蛋糕上。可隨喜好裝飾巧克力碎片（份量外）。

（小訣竅）

• 烤好的蛋糕體放置一晚，口感更軟綿。

新鮮豆渣

Using Okara.

馬德蓮
Madeleine

80kcal
1個

濃郁奶油風味的貝殼蛋糕，
飽含豆渣，健康又有滿足感。
就算是在意熱量你，也可安心的食用喔！

 ⓐ
 ⓑ
 ⓒ
 ⓓ

（材料） 貝殼模6個份

生豆渣	50g
低筋麵粉	50g
豆漿	20cc
蛋	1顆
羅漢果糖	50g
溶化奶油	20g
泡打粉	1小匙
白蘭地	1小匙
香草精	適量

（作法）

① 以打蛋器充分混合新鮮豆渣、蛋及
　豆漿，加入羅漢果糖、白蘭地、香
　草精充分攪拌。… ⓐ

② 低筋麵粉及泡打粉一起過篩，加入
　①中拌至無結塊。… ⓑ

③ 溶化奶油倒入②中，儘速將整體拌
　勻。… ⓒ

④ 將③等量注入塗上奶油（份量外）
　且撒上低筋麵粉（份量外）的貝殼
　模內。放進預熱至170℃的烤箱烘
　烤約20分鐘即可。… ⓓ

（小訣竅）

· 花點時間將奶油製成焦化奶油，風
　味更佳。

Using Okara.

楓糖南瓜蛋糕
Maple Pumpkin Cake

116kcal
1個

鬆軟的南瓜和楓糖漿可說是天生絕配！
加上豆渣及豆腐，是很具飽足感的一道點心喔！

ⓐ

ⓑ

ⓒ

（材料） 馬芬模4個份

新鮮豆渣	100g
豆腐	100g
加熱搗碎的南瓜	100g
羅漢果糖	20g
脫脂奶粉	20g
無脂鮮奶	50cc
楓糖	25g
寒天粉	2g
溶化奶油	1大匙
萊姆酒	1小匙
肉桂	1小撮

（作法）

① 將所有材料放入有些深度的容器內。… ⓐ

② 以手持式攪拌棒將①攪打至滑順狀。… ⓑ

③ 將②等量注入馬芬模，放進預熱至180℃的烤箱烘烤約20分鐘即完成。… ⓒ

（小訣竅）

· 烤好的蛋糕體放置冰箱冷藏約一晚，味道會更滲入。

摩卡布朗尼

Mocha Brownie

80kcal
1/12 片

可可與咖啡，甘與苦的醍醐味。
脆口的核桃是這款甜點香氣的關鍵！

ⓐ　　　　ⓑ　　　　ⓒ

（材料） 15×15cm的角型1台分

新鮮豆渣	200g
羅漢果糖	70g
黑糖	20g
蛋	2顆
溶化奶油	3大匙
脫脂奶粉	20g
可可粉	2大匙
即溶咖啡	2大匙
核桃	40g
糖粉	適量

（作法）

① 除了核桃與糖粉之外，其他材料全部倒入大碗內，以手持式攪拌棒攪打。…ⓐ

② 輕輕拌炒後的粗粒核桃加入①中翻拌。…ⓑ

③ 將②倒入塗有奶油且撒上低筋麵粉的烤盤上後，放進預熱至170℃的烤箱烘烤約30分鐘。…ⓒ

④ 等③完全冷卻後，隨喜好撒上糖粉。

大和芋蒸糕
Steamed Yam Cake

84kcal
1/12 片

黏稠綿密的大和芋，營養滿分！
當巧妙融入豆渣的口感，
就成為一道Q彈的懷舊甜點！

ⓐ

ⓑ

ⓒ

ⓓ

（材料） 12片份

新鮮豆渣	60g
蛋白	1顆份
大和芋（去皮）	150g
上新粉（糯米粉）	80g
砂糖	120g
水	150cc

（作法）

① 蛋白加入10g的砂糖，打到蛋白霜拉起呈堅挺的尖角。… ⓐ
② 大和芋、水、剩餘的砂糖與新鮮豆渣混合，以手持式攪拌棒攪打。… ⓑ
③ 將上新粉及1/3的①倒入②中充分攪拌。
④ 將剩餘的①倒入③中翻拌，再倒入鋪上保鮮膜的塑膠容器中。… ⓒ
⑤ 容器上面覆蓋鬆鬆的保鮮膜，並以竹籤戳洞後，放入微波爐並先以強火加熱1分半鐘，再改小火加熱約2分鐘。… ⓓ
⑥ 若麵糊還是有點稀，繼續用小火再加熱約1分鐘。
⑦ 放涼後自容器中取出，另以沒有水氣的保鮮膜包覆，放置冷卻。

（小訣竅）
・可以山藥代替大和芋。

新鮮豆渣

Using Okara.

御手洗糰子
Okara Dumpling with Sweet Soy Glaze

80kcal
1人份（3個）

熟悉的和式甜點──御手洗糰子，
重新妝點後，變得更漂亮。
彈牙的口感，愈嚼愈有味道！

ⓐ　ⓑ　ⓒ　ⓓ

（材料） 12粒份

・糰子

新鮮豆渣	100g
無脂奶粉	50g
水	50g
片栗粉	5大匙

（類似太白粉，現多由馬鈴薯或樹薯
製成）

羅漢果糖	1小匙
鹽	1小撮

・淋醬

醬油	15cc
味醂	15cc
羅漢果糖	15g
片栗粉	3g
水	10cc

（作法）

① 將糰子的所有材倒入有一定深度的
容器內充分混合。… ⓐ

② 以蓋子或保鮮膜覆蓋①，並以微波
爐的強火加熱約1分鐘後取出，以
刮杓將整體拌至完全均勻。… ⓑ

③ 再度蓋上蓋子或保鮮膜，以微波爐
的強火加熱，不須至1分鐘，取出
以手搓成丸子狀。… ⓒ

④ 淋醬的材料一起倒入另外的耐熱容
器，不蓋蓋子，以微波爐的強火加
熱40秒。取出攪拌再加熱30秒。有
點濃稠就可以了。… ⓓ

⑤ 淋在盛放於盤中的糰子上。

（小訣竅）

・也可將豆渣糰子串起來，以平底鍋
煎烤後再淋上醬汁。

Part 4 豆渣粉
Using Okara Powder.

新鮮豆渣乾燥製成粉末,就成了豆渣粉。

低卡、富含食物纖維,使用度或保存性都提高了,

且容易吸收水分,不妨善加利用吧!

豆渣粉

草莓派
Strawberry Pie

71kcal
1/12 片

在派皮上，不手軟的鋪上許多新鮮的草莓，看起來好浪漫！
重點是，還能盡情享用沙沙口感的塔皮和甜酸餡料喔！

（材料）　直徑18cm的塔模1個份

• 塔皮

豆渣粉	50g
低筋麵粉	20g
蛋	1顆
蜂蜜	2大匙
鹽	1小撮

• 餡料

草莓	250g
草莓醬（低糖）	100g
羅漢果糖	40g
低筋麵粉	1大匙
新鮮豆渣	50g
寒天粉	1小匙
白葡萄酒	1大匙

（作法）

① 200g的草莓對切後，撒上羅漢果糖及低筋麵粉，等出水後加入新鮮豆渣、50g的草莓醬、寒天粉，充分混合。… ⓐ

② 剩餘的草莓切成薄片，和白葡萄酒、50g的草莓醬拌入味。… ⓑ

③ 塔皮的所有材料一起混合，拌至成團後放入塔模，按壓貼合。

④ 將③放入預熱至200℃的烤箱烘烤約10分鐘。

⑤ 取出④，均等的注入①，鋪排上②。… ⓒ

⑥ 將⑤放進預熱至180℃的烤箱烘烤約30分鐘即可。

豆渣粉

Using Okara Powder.

椰棗司康

Dates Scone

166kcal
1個

豆渣帶來了飽足感，
搭配上濃甜的椰棗，
食物纖維及礦物質皆能獲得充分的補充！

ⓐ

ⓑ

ⓒ

（材料） 4個份

豆渣粉	30g
高筋麵粉	60g
無脂優格	100g
椰棗	2個
羅漢果糖	20g
玉米粉	30g
泡打粉	2小匙
白蘭地	1小匙
鹽	1小撮

（作法）

① 豆渣粉、高筋麵粉、玉米粉、泡打粉、羅漢果糖倒入大碗內混合。…ⓐ

② 椰棗切小塊，和優格、白蘭地一起加入①中。…ⓑ

③ 不過度攪拌的盡速將②拌成團，以保鮮膜包覆置於冰箱醒一晚。…ⓒ

④ 將③放至撒上手粉的工作台，以擀麵棍擀開，整型後排放在烤盤上。

⑤ 以毛刷在④的表面刷上牛奶（份量外），放進預熱至200℃的烤箱烘烤約15分鐘即可。

（小訣竅）

‧隔天要吃時，以烤箱稍微烤過就能恢復口感。最好在3天內吃完。

豆渣粉
Using Okara Powder.

藍莓薄荷慕斯
Blueberry Mint Mousse

62kcal
1個

藍莓的紫增添慕斯的視覺美感，
入口時繼清新的酸味之後，
緊接著就可以感受芳香薄荷的清涼魅力。

ⓐ

ⓑ

ⓒ

（材料）　4個份

藍莓（冷凍或新鮮）	300g
豆渣粉	4大匙
檸檬汁	30cc
香蕉	1根
零卡健康糖（Pal Sweet）	2小匙
白葡萄酒	2小匙
薄荷葉	1/2杯

（作法）

① 豆渣粉以檸檬汁及白葡萄酒泡開。
…ⓐ

② 預留裝飾用藍莓及薄荷葉。

③ 將②以外的所有材料和①混合，以
手持式攪拌棒攪打至滑順狀。…ⓑ

④ 將③放進冰箱冷藏後，食用時以大
湯匙分裝到盤上，並以②的藍莓及
薄荷葉裝飾。…ⓒ

（小訣竅）

· 範例是口感偏軟的作法，可隨喜好
增加豆渣的用量。半冷凍狀態也很
美味喔！

豆渣粉

Using Okara Powder.

檸檬方塊
Lemon Squares

88kcal
1/10 片

這是一道在美國非常大眾化的甜點。
疊放在餅乾上一起烘烤的檸檬餡酸味，
讓這道甜點顯得更鮮活！

 ⓐ
 ⓑ
 ⓒ

（**材料**） 20×10cm的方型烤模1個

豆渣粉	30g
低筋麵粉	90g
蛋	2顆
羅漢果糖	150g
優格	70g
檸檬汁	50ml
溶化奶油	2大匙
寒天粉	1小匙
香草精	適量

（**作法**）
① 豆渣粉、低筋麵粉、50g羅漢果糖、優格、溶化奶油、香草精一起混合。

② 不過度攪拌的將①拌成團後，平鋪在墊好烘焙紙的烤盤上。… ⓐ

③ 放進預熱至180℃的烤箱烘烤約20分鐘。

④ 檸檬汁拌入100g的羅漢果糖及寒天粉，加入蛋汁後充分混合。… ⓑ

⑤ 將④倒在③的上面，放進預熱至170℃的烤箱烘烤約20分鐘即可。… ⓒ

（**小訣竅**）
· 冷卻後再分切，可隨喜好在食用前撒上糖粉。

豆渣粉

Using Okara Powder.

巧克力碎片餅乾
Chocolate Chip Cookies

61kcal
1片

咬起來咔滋咔滋的巧克力碎片餅乾，
滋味豐富，雖然加入許多豆渣，卻不影響其風味！

（材料） 8片份

豆渣粉	30g
低筋麵粉	15g
玉米粉	15g
泡打粉	1小撮
豆漿	3大匙
羅漢果糖	20g
巧克力碎片	20g
沙拉油	1大匙

（作法）

① 將豆渣粉、低筋麵粉、玉米粉、泡打粉、羅漢果糖倒入大碗內。…ⓐ

② 沙拉油及豆漿混合後倒入①中，在完全混合前加入巧克力碎片。…ⓑ

③ 將②整型成適當大小，排放在烤盤上。…ⓒ

④ 放進預熱至180℃的烤箱烘烤約15分鐘。烤好後置於涼架上冷卻即可。

豆渣粉

Using Okara Powder.

黃桃烤步樂
Peach Cobbler

146kcal
1/8 片

燕麥豐富的咀嚼威和水嫩的黃桃，混搭得恰如其分。

不論是冷卻後，

或趁熱拌著冰淇淋一同享用都十分美味。

ⓐ ⓑ ⓒ

（ 材料 ） 15×15cm的焗烤盤1個份

• 脆皮酥

豆渣粉	1/2杯
燕麥	1/2杯
低筋麵粉	1/2杯
豆腐	40g
溶化奶油	2大匙
羅漢果糖	2大匙
鹽	1小撮

• 餡料

罐頭黃桃	1罐
杏子醬（低糖）	1/2杯
低筋麵粉	2大匙
白葡萄酒	1/4杯
寒天粉	1小匙

（ 作法 ）

① 黃桃去汁液後，和杏子醬及白葡萄酒一同拌入味。

② 寒天粉倒入①中混合，再整個撒上低筋麵粉。… ⓐ

③ 豆渣粉、燕麥、低筋麵粉、羅漢果糖及鹽倒入另一個大碗，再加入豆腐及溶化的奶油。

④ 以指腹將③搓揉成肉鬆狀。… ⓑ

⑤ 將②平鋪在焗烤盤內，上層整個覆蓋上③，放進預熱至170℃的烤箱烘烤約20分鐘即可。… ⓒ

（ 小訣竅 ）

• 隨喜好在烤後拌著冰淇淋一起吃也很可口。黃桃可替換成其他水果。

豆渣粉

Using Okara Powder.

抹茶甘納豆蛋糕
Green Tea & Sweet Bean Cake

60kcal
1/12 片

甘納豆的馥郁滋味，在濕潤的蛋糕體溫和擴散，
瑪格麗特造型的和風素材蛋糕，超卡哇伊！

 ⓐ  ⓑ  ⓒ  ⓓ

【材料】 直徑17cm的瑪格麗特模1個

豆渣粉	40g
豆漿	100g
蛋	2顆
甘納豆	1/4杯
羅漢果糖	70g
上新粉	15g
泡打粉	1小匙
水	100g
抹茶粉	1大匙強
糖粉	適量

【作法】

① 將蛋及甘納豆以外的材料全部混合，以手持式攪拌棒攪打至滑順狀。…ⓐ

② 蛋汁倒入①中，再度攪拌。…ⓑ

③ 甘納豆加入②中，以刮杓混合，但小心別弄破豆子。…ⓒ

④ 將③注入撒上低筋麵粉（份量外）的烤模內，放進預熱至180℃的烤箱烘烤約30分鐘。…ⓓ

⑤ 冷卻後由烤模取出，以保鮮膜密合覆蓋，放進冰箱冷藏一晚即可。

Part 5 其他豆腐製品
——油揚豆腐・豆皮・高野豆腐
Using Other Soy Products.

日本料理中常見的

油揚豆腐、豆皮、高野豆腐（凍豆腐），

包含豆腐製品特有的豐富營養與優質脂肪。

本篇以嶄新創意將個別的風味及口感，應用於甜點上。

其他豆腐製品

Using Other Soy Products.

香蕉貝奈特餅
Banana Beignet

91kcal
1個

貝奈特餅，
是水果裹上麵衣油炸的法式點心。
咔滋作響的油揚豆腐，
結合濃郁甘甜的香蕉，餘韻無窮……

 ⓐ  ⓑ  ⓒ  ⓓ

【材料】 8個份

油揚豆腐	1片
香蕉（大）	1根
蛋	1顆
無脂鮮奶	40cc
羅漢果糖	1大匙
奶油	1大匙
蘭姆酒	1小匙
香草精	適量
糖粉	適量

【作法】

① 將蛋、無脂牛奶、羅漢果糖倒入大碗，加入香草精後混合。… ⓐ

② 油揚豆腐去油及水氣後切粗塊倒入①中。… ⓑ

③ 大塊亂丁切的香蕉裹上②，當成麵衣。… ⓒ

④ 平底鍋熱鍋後倒入溶化奶油，煎炸③的兩面。小心別炸焦了。… ⓓ

⑤ 盛至盤上，隨喜好撒上糖粉。

薄脆薑餅
Gingersnaps

69kcal
1片

生薑和肉桂結合，
呈現辛辣、美味的薄脆薑餅。
當中脆口的油揚豆腐，營造出不同以住往的咀嚼感！

ⓐ ⓑ ⓒ

（材料） 20片份

油揚豆腐	1片
低筋麵粉	1.5杯
沙拉油	50cc
羅漢果糖	80g
蛋（S尺寸）	1顆
小蘇打	1小匙
糖蜜	30cc
肉桂粉、生薑粉	1小匙
丁香	1/4小匙
鹽	1小撮
上白糖	適量

（作法）

① 油揚豆腐用熱水確實洗去油分，切小塊後以烤箱烤至酥脆。再將小蘇打、辛香料和低筋麵粉一起過篩。… ⓐ

② 羅漢果糖、蛋、沙拉油、糖蜜倒入大碗一起混合。… ⓑ

③ 將①的油揚豆腐及粉類倒入②中，拌成團後置於冰箱醒30分鐘至1小時。

④ 將③的麵團分成小球排放在烤盤上，以叉子背部壓扁，撒上上白糖。… ⓒ

⑤ 將④放進預熱至190℃的烤箱烘烤約10至12分鐘即可。

（小訣竅）

・當麵糊不易處理時，可先放進冷凍庫數小時再揉成球狀，或以湯匙等分小塊放至烤盤上。

其他豆腐製品

櫻桃可麗餅

Crépe Suzette

210kcal
1人份

以油揚豆腐重現法國經典點心——可麗餅。
芳香的櫻桃，展現華麗的大人味。

ⓐ

ⓑ

ⓒ

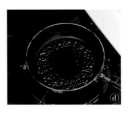
ⓓ

（材料） 4人份

油揚豆腐 ························· 4片
蛋 ······························ 2顆
無脂鮮奶 ······················ 60cc
羅漢果糖 ····················· 2小匙
美國罐頭櫻桃 ·················· 1杯
蔓越莓汁 ···················· 160cc
奶油 ························· 2小匙
櫻桃酒 ······················ 2大匙

（作法）

① 油揚豆腐以熱水確實洗去油分，充
分擰乾後切成3等份。… ⓐ

② 蛋、無脂鮮奶及羅漢果糖倒入托盤
攪拌，再將①放入浸泡後，以平底
鍋乾煎兩面。… ⓑ

③ 以餐巾紙擦乾櫻桃的水氣，和煎好
的①擺盤。… ⓒ

④ 油及蔓越莓以平底鍋加熱，倒入櫻
桃酒再加熱約30秒，起鍋淋在③
上。… ⓓ

（小訣竅）

· 在步驟④中，將櫻桃酒一口氣倒入
熱鍋中，可以去除酒精、提升香
氣。

其他豆腐製品

Using Other Soy Products.

冷凍奇異果塔

Frozen Kiwi Tarte

116kcal
1/8 片

清涼的奇異果及鳳梨好誘人！
這是款一次就能嚐到雪酪及塔的美味點心，讓人想一吃再吃！

ⓐ

ⓑ

ⓒ

ⓓ

（材料） 25×10cm的塔模1個份

•塔皮

高野豆腐	2個
椰子絲	20g
杏子醬（低糖）	4大匙
餅乾	5片

•餡料

奇異果	3個
罐頭鳳梨	2片
檸檬汁	1大匙

（製作方法）

① 高野豆腐以刨刀或食物處理器磨成粉狀。椰子絲以平底鍋輕輕拌炒。…ⓐ

② 壓碎的餅乾與果醬，和①充分混合後填入塔模內，再放進冷凍庫約1小時。…ⓑ

③ 製作餡料用的所有材料以手持式攪拌棒攪成漿汁狀。…ⓒ

④ 將③倒入②中，在冷凍庫冰凍約2小時即可。…ⓓ

（小訣竅）

• 泡水發脹的高野豆腐因內部吸飽水，食用時等於是幫身體補充足夠的水分。

芝麻餅乾
Black Sesame Cookie

32kcal
1 片

高野豆腐及黑芝麻，
可說是食物纖維與礦物質的寶庫。
趕緊聰明掌握，
並補充對女性健康有益的營養素吧！

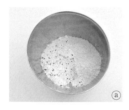

ⓐ

ⓑ

ⓒ

ⓓ

【材料】 20片份

高野豆腐	2個
蛋	1顆
低筋麵粉	40g
羅漢果糖	40g
黑芝麻	1大匙
沙拉油	1大匙
鹽	1小撮
香草精	適量

【作法】

① 高野豆腐以磨泥器磨成粉末狀後，與低筋麵粉、羅漢果糖、鹽、黑芝麻、香草精一起攪拌混和。… ⓐ

② 蛋汁與沙拉油混合後倒入①中，拌至成團。… ⓑ

③ 將②倒在平鋪的保鮮膜上，以竹卷簾捲成筒狀，放置冰箱醒30分鐘至1小時。… ⓒ

④ 將③切成5mm厚，排放在烤盤，再放進預熱至180℃的烤箱烘烤約12分鐘即可。… ⓓ

【小訣竅】

・泡水發脹的高野豆腐因內部吸飽水，食用時等於是幫身體補充足夠的水分。

・烤好的餅乾會隨著時間變硬，建議趁出爐後或當天食用完畢。

柑橘生豆皮英式查佛蛋糕

Orange Yuba Trifle

267kcal
1個

這是款香氣四溢的柑橘卡士達醬，
製成的英式鬆糕查佛蛋糕。
使用了新鮮豆皮增添了厚實與口感，
這樣的作法在甜點界也很活躍呢！

（材料） 4個份

新鮮豆皮	4人份
蛋	1顆
蛋黃	1顆份
羅漢果糖	90g
溶化奶油	50g
無農藥柑橘	2顆
豆腐戚風蛋糕（參見P.10）	適量
裝飾用橘子	適量

（作法）

① 柑橘榨汁，削下少許表皮切成碎粒（約1大匙）。

② 蛋、蛋黃、羅漢果糖及柑橘汁倒入大碗，充分混合後加入柑橘皮屑拌勻。… ⓐ

③ 溶化奶油倒入②中，以微波爐加熱1分鐘。… ⓑ

④ 取出③，攪拌後再放回微波爐加熱30秒。… ⓒ

⑤ 重複④的程序直到呈泥糊狀後，在柑橘卡士達醬的表面覆蓋保鮮膜，不將其完全密封，直接放進冰箱冷藏。

⑥ 切成骰子狀的豆腐戚風蛋糕放入杯中，倒入一半冷藏後的⑤。

⑦ 接著放入新鮮豆皮後，再等量倒入另一半的⑤，最後隨喜好裝飾柑橘切片。… ⓓ

（小訣竅）

• 新鮮豆皮的保存期僅一天，請儘速食用。

• 也可裝飾薄荷葉。

黑蜜豆皮卷
Yuba Agar-Agar with Brown Sugar Syrup

38kcal
1人份

寒天的滑溜口感、豆皮純粹溫順的好滋味，
一次獲得滿足！
再淋上黑蜜，即可品嚐簡純的風味！

ⓐ ⓑ ⓒ

（材料） 1人份

水	600cc
寒天粉	6g
生豆皮	4人份
黑蜜	4大匙
肉桂粉	適量

（作法）

① 鍋中倒入水及寒天粉充分混合，加熱1分鐘至沸騰。…ⓐ
② 將①倒入托盤，放上豆皮。…ⓑ
③ 以竹筷等讓豆皮均勻分布。…ⓒ
④ 將③放進冰箱約1小時，冷卻凝固。
⑤ 當④凝固後，切成容易入口的大小放在盤上，撒上黑蜜與肉桂粉。

（小訣竅）

· 拌著黃豆、紅豆或楓糖一起吃也很美味。

其他豆腐製品
Using Other Soy Products.

豆皮椰子球
Dried Yuba Roche

25kcal
1個

椰子與乾豆皮以法式風呈現，
沙沙的纖細口感，搭配丸子造型就成了可愛的點心！

（材料） 8個份

乾豆皮	10g
長條椰子絲	20g
蛋白	1顆份
羅漢果糖	20g

（作法）

① 乾豆皮撥成碎片，和椰子絲混合。
　…ⓐ
② 蛋白及羅漢果糖倒入①中，充分混
　合。…ⓑ
③ 以大湯匙舀取②並壓成球狀，鋪放
　在烤盤上。…ⓒ
④ 放進預熱至150℃的烤箱烘烤約20
　分鐘，直接置於烤箱中冷卻。

（小訣竅）

· 以密封容器保存防潮，且最好在一
　星期內吃完。

國家圖書館出版品預行編目資料

好吃&好作：零負擔の豆腐甜點──低糖・
低脂・低卡的爽口點心！／鈴木理惠子著；
瞿中蓮譯.-- 初版. -- 新北市：養沛文化館,
2015.06
面；公分. --(自然食趣；20)
ISBN 978-986-5665-21-0　（平裝）
1.豆腐食譜
427.33　　　　　　　104007374

【自然食趣 】20

好吃&好作

零負擔の豆腐甜點
──低糖・低脂・低卡的爽口點心！

作　　者／鈴木理惠子	
發 行 人／詹慶和	
總 編 輯／蔡麗玲	
執　　編／白宜平	
譯　　者／瞿中蓮	
編　　輯／蔡毓玲・劉蕙寧・黃璟安・陳姿伶・李佳穎	
執行美術／翟秀美	
美術編輯／陳麗娜・周盈汝	
出版者／養沛文化館	
發行者／雅書堂文化事業有限公司	
郵政劃撥帳號／18225950	
戶名／雅書堂文化事業有限公司	
地址／新北市板橋區板新路206號3樓	
電子信箱／elegant.books@msa.hinet.net	
電話／(02)8952-4078	
傳真／(02)8952-4084	

Creative Staff

Art direction／Design
大橋　ギイチ

Photograh
石川　登

Edition／Writing
磯山　由佳

2015年6月初版一刷　定價280元

OISHII TOFU SWEETS TEITOUSHITSU TEISHIBOU TEICALORIE DE
HEALTHY & BEAUTY
©RIEKO SUZUKI 2013
Originally published in Japan in 2013 by SEIBUNDO SHINKOSHA
PUBLISHING CO.,LTD.
Chinese translation rights arranged through TOHAN CORPORATION,
TOKYO., and Keio Cultural Enterprise Co., Ltd,

總經銷／朝日文化事業有限公司
進退貨地址／新北市中和區橋安街15巷1號7樓
電話／（02）2249-7714　　傳真／（02）2249-8715